essentials

essentials liefern aktuelles Wissen in konzentrierter Form. Die Essenz dessen, worauf es als „State-of-the-Art" in der gegenwärtigen Fachdiskussion oder in der Praxis ankommt. *essentials* informieren schnell, unkompliziert und verständlich

- als Einführung in ein aktuelles Thema aus Ihrem Fachgebiet
- als Einstieg in ein für Sie noch unbekanntes Themenfeld
- als Einblick, um zum Thema mitreden zu können

Die Bücher in elektronischer und gedruckter Form bringen das Fachwissen von Springerautor*innen kompakt zur Darstellung. Sie sind besonders für die Nutzung als eBook auf Tablet-PCs, eBook-Readern und Smartphones geeignet. *essentials* sind Wissensbausteine aus den Wirtschafts-, Sozial- und Geisteswissenschaften, aus Technik und Naturwissenschaften sowie aus Medizin, Psychologie und Gesundheitsberufen. Von renommierten Autor*innen aller Springer-Verlagsmarken.

Marcus Dunst

Zentralstaubsauger für Einfamilienhäuser und Wohnungen

Eine kurze Einführung in Aufbau und Funktion

 Springer Vieweg

Marcus Dunst
Untermühlhausen, Deutschland

ISSN 2197-6708   ISSN 2197-6716 (electronic)
essentials
ISBN 978-3-658-42784-9   ISBN 978-3-658-42785-6 (eBook)
https://doi.org/10.1007/978-3-658-42785-6

Die Deutsche Nationalbibliothek verzeichnet diese Publikation in der Deutschen Nationalbibliografie; detaillierte bibliografische Daten sind im Internet über http://dnb.d-nb.de abrufbar.

Planung/Lektorat: Frieder Kumm
Springer Vieweg ist ein Imprint der eingetragenen Gesellschaft Springer Fachmedien Wiesbaden GmbH und ist ein Teil von Springer Nature.
Die Anschrift der Gesellschaft ist: Abraham-Lincoln-Str. 46, 65189 Wiesbaden, Germany

Das Papier dieses Produkts ist recyclebar.

Was Sie in diesem *essential* finden können

- Der Einsatzbereich des Zentralstaubsaugers ist der private Wohnraum
- Aufbau und Funktion vom Zentralstaubsauger
- Die Planung muss vor Baubeginn erfolgen, da die Rohrleitungen im Mauerwerk verlegt werden. Dies gilt für den Rohbau gleich wie für den Umbau
- Vorteile gegenüber dem Bodenstaubsauger oder Saugroboter
- Hygienische Aspekte für den Zentralstaubsauger

Inhaltsverzeichnis

1 Der Zentralstaubsauger 1

2 Beschreibung Zentralstaubsauger und Staubsaugervarianten 3

3 Woher kommt der (Haus) Staub und wie gelangt er in den
   Wohnraum? 7

4 Luftqualität im Wohnraum 11

5 Die 11 häufigsten Fragen zum Zentralstaubsauger 13
   5.1   Wie funktioniert ein Zentralstaubsauger? 13
   5.2   Wo wird das Rohrsystem eingebaut? 13
   5.3   Welches Zubehör gib es? 14
   5.4   Was kostet eine Zentralstaubsauger mit Einbau? 14
   5.5   Welche Lebensdauer hat, ein Zentralstaubsauger? 14
   5.6   Kann das Rohrsystem verstopfen? 15
   5.7   Können sich Keime und Bakterien im System bilden? 15
   5.8   Wie erfolgt die Reinigung des Zentralstaubsaugers? 15
   5.9   Wie oft muss der Zentralstaubsauger gereinigt werden? 15
   5.10 Wie wird der Zentralstaubsauger ein- und ausgeschaltet? 16
   5.11 Welcher Staubsauger saugt stärker? 16

6 Vergleich der Vor- und Nachteile der verschiedenen
   Staubsaugerarten 25
   6.1   Akkustaubsauger mit und ohne Beutel 25
   6.2   Saugroboter mit Station evtl. Feuchtreinigung 25
   6.3   Bodenstaubsauger mit und ohne Beutel oder Wasserfilter 26
   6.4   Zentralstaubsauger mit und ohne Beutel 26

7   **Planung und schematische Darstellung im Grundriss** 27

8   **Fazit und Zusammenfassung** 31

Literatur und Quellenverzeichnis 35

Abbildungsverzeichnis

Abb. 1.1   Zeichnung Tipp. (Quelle: Dunst 2023) 2

Abb. 2.1   Zeichnung Saugen der Treppe. (Quelle: Dunst 2023) 4

Abb. 2.2   Zeichnung Saugstaub. (Quelle: Dunst 2023) 5

Abb. 4.1   Zeichnung Staubfreies Saugen. (Quelle: Dunst 2023) 12

Abb. 5.1   Bild Saugdose. (Quelle: https://www.allaway.de, 2023) 17

Abb. 5.2   Bild Saugschlauch. (Quelle: https://www.thomas-centra
clean.de, 2023) 18

Abb. 5.3   Bild Zentralstaubsauger mit Rohranschluss. (Quelle:
https://www.allaway.de, 2023) 18

Abb. 5.4   Bild Saugen auf der Treppe. (Quelle: https://www.thomas-
centraclean.de, 2023) 19

Abb. 5.5   Bild Saugdose mit Saugschlauch. (Quelle: https://www.all
away.de, 2023) 20

Abb. 5.6   Bild Zentralstaubsauger mit geöffnetem Staubbehälter.
(Quelle: https://www.allaway.de, 2023) 20

Abb. 5.7   Bild Zentralstaubsauger beim Einbau des Filters. (Quelle:
https://www.allaway.de, 2023) 21

Abb. 5.8   Bild Zentralstaubsauger und Reinigungsset im Schrank
integriert. (Quelle: https://www.allaway.de, 2023) 22

Abb. 5.9   Bild Ausziehbarer Saugschlauch für Küchenunterschrank.
(Quelle: https://www.thomas-centraclean.de, 2023) 22

Abb. 5.10 Bild Ausziehbarer Saugschlauch beim saugen
Küchenunterschrank. (Quelle: https://www.thomas-centra
clean.de, 2023) 23

Abb. 5.11   Bild Sockeleinkehrdüse. (Quelle: https://www.thomas-cen
             traclean.de, 2023) 23
Abb. 7.1   Bild Hausschema Zentralstaubsauger. (Quelle: http://
             www.thomas-centraclean.de, 2023) 28
Abb. 7.2   Bild Haus mit eingebautem Zentralstaubsauger. (Quelle:
             http://www.thomas-centraclean.de, 2023) 29
Abb. 8.1   Zeichnung Tipp. (Quelle: Dunst 2023) 32

Der Zentralstaubsauger

Wer sich den Traum der eigenen vier Wände erfüllt, muss viele große und kleine Entscheidungen treffen.

Manche Entscheidungen und Ausstattungsformen wie Strom, Heizung, Wasser, Photovoltaik und/oder Solarthermie sind elementar. Sie gehören zum Standard und werden selbstverständlich eingebaut. Die Technik dieser Einbauten ist weitestgehend verständlich und klar und steht auch nicht zur Diskussion.

Worüber selten vor dem Hausbau gesprochen wird, ist der im Alltag allgegenwärtige Hausstaub. Dieser muss regelmäßig aus dem Wohnraum entfernt werden. Wie geschieht das? In der Regel mit Staubtuch, Staubwedel und natürlich mit dem Staubsauger. Hier gibt es verschiedene Möglichkeiten: Akku-, Boden- oder Zentralstaubsauger sowie den Saugroboter. (Abb. 1.1)

Aber warum sollte man sich schon vor dem Hausbau über die Staubbeseitigung Gedanken machen? Ganz einfach:

Zentralstaubsauger gehören zur technischen Ausstattung, die mit eingeplant werden muss. Deshalb sollte Sie sich vorher Gedanken machen, wie Sie in Zukunft mit dem Hausstaub umgehen wollen.

Denken Sie mal kurz über Allergien nach. Die Hausstauballergie gehört mit zu den häufigsten Allergien. Der Zentralstaubsauger ist kein Muss. Aber er ist ein sehr nützlicher und wirkungsvoller Begleiter, gerade was das Entfernen von Hausstaub angeht. Wenn das Haus erst einmal fertiggestellt ist, ist der Aufwand für den nachträglichen Einbau eines Zentralstaubsaugers erheblich größer. Aus diesem Grund sollte der Zentralstaubsauger beim Neu- oder Umbau von Anfang an mit eingeplant werden. Wichtig dabei ist das Rohrsystem in den Wänden. Ist das Rohrsystem mit eingebaut, kann auch später das Zentralgerät nachgerüstet

M. Dunst, *Zentralstaubsauger für Einfamilienhäuser und Wohnungen*, essentials, https://doi.org/10.1007/978-3-658-42785-6_1

Abb. 1.1 Zeichnung Tipp.
(Quelle: Dunst 2023)

werden. So muss man in der Bauphase nicht die kompletten Kosten für den Einbau aufbringen.

Dieses Buch wird Ihnen helfen, die Funktion, die Einbausituationen und den Qualitätsgewinn für Sie als Nutzer verständlich werden zu lassen. Dazu finden Sie einige schematischen Darstellungen von Grundrissen im Kap. 7.

Beschreibung Zentralstaubsauger und Staubsaugervarianten

2

Glauben heißt nicht wissen. Wer glaubt, Zentralstaubsauger seien nur Produkte für Industrie oder Superreiche mit großen Villen, der glaubt verkehrt. Vielmehr kann ein Zentralstaubsauger für jeden Haushalt eine praktische und sinnvolle Ausstattung sein.

Der Zentralstaubsauger (Abb. 5.3 und 5.8) besteht aus dem Zentralgerät, dem Rohrsystem und dem Saugschlauch.

Er wird zum Saugen für den normalen Hausstaub eingesetzt, wie er in jedem Haushalt vorkommt. Für anderweitigen Schmutz, wie Asche oder Wasser gibt es Zubehör Artikel. Dadurch wird der Zentralstaubsauger zu einem breit aufgestellten alltäglichen Nutzartikel.

Das Rohrsystem wird während des Hausbaus oder der Renovierung in den Wänden, dem Fußbodenaufbau oder in der Betondecke verlegt. (Abb. 7.1 und 7.2)

Die Saugschlauchlänge beträgt meist 8 m (Abb. 5.2). Dadurch ist oft eine Saugstelle (Saugdose Abb. 5.1) je Stockwerk ausreichend. Mit dem 8 m langen Saugschlauch kann so von einer Saugdose aus, ein Wendkreis von bis zu 16 m mit einmaligem Einstecken gereinigt werden. Abhängig vom Grundriss können das mehr als 100 m^2 sein.

Das Saugen der Treppen (Abb. 5.4) wird wesentlich erleichtert, da die Platzsuche für einen geeigneten Abstellplatz für den Staubsauger auf die Treppe entfällt. Ebenfalls entfällt das „Schleppen" von Boden- oder Akkustaubsaugern von Etage zu Etage (Abb. 2.1).

© Der/die Autor(en), exklusiv lizenziert an Springer Fachmedien Wiesbaden GmbH, ein Teil von Springer Nature 2023
M. Dunst, *Zentralstaubsauger für Einfamilienhäuser und Wohnungen*, essentials, https://doi.org/10.1007/978-3-658-42785-6_2

Abb. 2.1 Zeichnung
Saugen der Treppe. (Quelle:
Dunst 2023)

Aber nicht nur mit dem Standardschlauch kann man saugen. Als Zube-
hör gibt es z. B. Sockeleinkehrdüsen (Abb. 5.11), Aschesauger, Wassersauger,
Schlauchaus-/einzugsysteme (Abb. 5.9 und 5.10), rotierende Bürsten, verschieden
Schläuche mit variablen Saugschlauchlängen.

Der Einsatzbereich des Zentralstaubsaugers ist nicht auf den Wohnraum
begrenzt. Durch den Einbau einer Saugdose in der Garage oder im Carport
(Abb. 7.1 und 7.2) kann der PKW ebenfalls mit dem Zentralstaubsauger gereinigt
werden.

Der größte Vorteil des Zentralstaubsaugers gegenüber den herkömmlichen
Boden-, Akkustaubsaugern oder den Saugrobotern ist die Reinhaltung der Raumluft. Jeder kennt das: Die muffige Luft nach dem Staubsaugen im Raum. Der
muffige Geruch entsteht trotz aller technischen Raffinessen wie Wasserfilter, Hep-
afilter, Duftfilter, usw. die es für Boden-, Akkustaubsauger und Saugroboter gibt
(Abb. 2.2).

Abb. 2.2 Zeichnung Saugstaub. (Quelle: Dunst 2023)

Denn selbst wenn es der Boden-, Akkustaubsauger oder Saugroboter durch mehrere Filterstufen schaffen würde, keinen Staubpartikel in den Raum einzublasen, gibt er Gerüche an den Raum ab. Das liegt daran, dass der Staubsauger zur Motorkühlung die Raumluft nutzt. Er saugt die Raumluft an, kühlt den Motor im Staubsauger und gibt die warme und dann geruchbehaftete Luft in den Wohnraum zurück.

Im Gegensatz dazu wird mit einem Zentralstaubsauger die abgesaugte Luft über das Rohrsystem aus dem Haus geblasen. Sauggerüche können deshalb den Wohnraum nicht belasten. Die Luft zur Motorkühlung wird ebenfalls über das Rohrsystem aus dem Haus geblasen. Somit kann weder Mikrostaub noch „geruchbehaftete Motorkühlluft" das Raumklima belasten.

Ein weiterer Punkt ist der „Sauglärm". Jeder Staubsauger besitzt einen Motor. Der Motor verursacht Geräusche. Die Geräusche werden vom Motor direkt an den Wohnraum abgegeben. Beim Boden- oder Akkustaubsauger wie auch beim Saugroboter entsteht der Motorenlärm während des Saugens im Wohnraum. Bei Zentralstaubsaugern wird der Motorenlärm in den Aufstellungsraum abgegeben. Da sich der Zentralstaubsauger jedoch nicht im Wohnraum befindet, steht man beim Saugen nicht im Motorlärm, sondern hört lediglich das Sauggeräusch.

Als Standard wird in Deutschland der Bodenstaubsauger oder Akkustaubsauger eingesetzt. Das liegt auch daran, dass bei der Wohnraumplanung nur selten über die Möglichkeit des Zentralstaubsaugers gesprochen oder nachgedacht wird. Als Alternative oder Ergänzung wird aber der Saugroboter immer beliebter.

Die Variante Zentralstaubsauger ist weitgehend unbekannt, obwohl in den letzten 30 Jahren einige tausend Zentralstaubsauger deutschlandweit in Häuser, Büros und Wohnungen eingebaut wurden. Neben Deutschland wird der Zentralstaubsauger auch in anderen Europäischen Ländern (Schweiz, Österreich, Finnland, usw.) eingebaut.

Der Zentralstaubsauger sorgt für Erleichterung beim Sauberhalten und reinigen der Wohn- oder Geschäftsräume.

Der Unterschied zum Boden-, Akkustaubsauger oder Saugroboter liegt auf der Hand. Beim Saugen muss man kein „Gerät" mit mehreren Kilos (4–7 kg) herumschleppen und der Zentralstaubsauger fährt einem nicht durch die Füße. Zudem ist der Akku nicht leer, wenn man saugen möchte.

Der Saugschlauch des Zentralstaubsaugers ist beim Staubsaugen handlicher und leichter. Auf der Treppe (Abb. 5.4) muss man nicht überlegen, wo man den Bodenstaubsauger abstellt. Beim Absaugen vom Staub in der Nähe der Raumdecke, muss man keinen Staubsauger hochheben. Denn mit dem Saugschlauch kommt man bequem an die Raumdecke.

Woher kommt der (Haus) Staub und wie gelangt er in den Wohnraum?

3

Als Hausstaub wird der Schmutz definiert, der in geschlossenen Räumen zu finden ist oder darin entsteht. Der Hausstaub ist ein Produkt der Bewohner und ein Abbild der Wohnsituation. Der Hausstaub setzt sich aus organischen und anorganischen Stoffen zusammen.

Quelle Umweltbundesamt:
Lüften ist das beste Mittel gegen Staub *(News/Erstellt 18.08.2016/aktualisiert am 01.09.2016)*
Woher kommt der ganze Staub?
Ein Teil des Staubs in Innenräumen gelangt von außen beim Lüften in das Haus. Wenn die Wohnung an einer stark befahren Straße und der Straße zugewandt liegt, gelangen Ruß, Abrieb von Reifen und Bremsen in die Wohnung, aus Industrieanlagen und Kraftwerken, Stäube aus der Produktion und Verbrennungsrückstände. Im Winter trägt auch der Betrieb von Heizungsanlagen und Feuerstätten zur Luftbelastung bei. Besonders Holz- und Kohleheizungen sind eine bedeutsame Staubquelle. Am wenigsten Staub emittiert die Gasheizung.

Auch über die Kleidung und die Schuhe bringe ich Staub mit ins Haus und in die Wohnung. Und in der Wohnung selbst entstehen Stäube – zum Beispiel beim Handwerken, beim Backen und Kochen oder beim Rauchen. Rußende Kerzen und Geräte wie Toaster und Laserdrucker sind ebenfalls prima Staubquellen. Auch Kamine oder Kaminöfen tragen zur Staubbelastung in der Wohnung bei – zum Beispiel beim Nachlegen der Holzscheite, Ascheentfernung. Staub kann aus den unterschiedlichsten Quellen stammen, und genauso unterschiedlich sind auch Größe der Staubpartikel und chemische Zusammensetzung.

M. Dunst, *Zentralstaubsauger für Einfamilienhäuser und Wohnungen*, essentials, https://doi.org/10.1007/978-3-658-42785-6_3

Was ist Staub überhaupt? Und welche Unterschiede gibt es?
Unterschieden wird zwischen Schwebstaub, besser bekannt als Feinstaub, und Sedimentationsstaub. Schwebstaub oder Feinstaub „schwebt" – wie der Name schon sagt – durch die Luft und kann leicht eingeatmet werden. Zu den Feinstäuben zählt beispielsweise der Staub, der beim Abbrennen von Kerzen entsteht (grundsätzlich bei allen Verbrennungsprozessen), beim Braten oder Toasten, aber auch aus Laserdruckern. Sedimentationsstaub (also gröberer Staub von z. B. Schuheintrag, Kleidungsabrieb, Aschewechsel im Kamin, Heimwerkarbeiten) setzt sich am Fußboden und auf Flächen ab und wird auch als Hausstaub bezeichnet.

Unterscheiden kann man außerdem Herkunft, Korngröße und chemische Zusammensetzung. Am Staub setzen sich auch gerne weitere Stoffe fest. Biozide zum Beispiel oder Weichmacher – die aus Möbeln oder Farben stammen können – werden gasförmig frei und lagern sich am Staub an. Auch einige Verbrennungsrückstände wie polycyclische aromatische Kohlenwasserstoffe (PAK) sind oft staubgebunden. Staub hat also auch chemische Bestandteile. In Hausstaub spielen zudem Milben und andere Mikroorganismen eine wichtige Rolle. Liegt der Staub lange herum, bildet sich ein regelrechtes Kleinstbiotop – leider gute Voraussetzungen für eine Hausstauballergie.

Gibt es weitere gesundheitliche Risiken?
Das hängt davon ab. Staub, der durch Verbrennung freigesetzt wird, also zum Beispiel bei Kerzenabbrand, oder aus dem Kamin, aber auch außen aus Kfz-Motoren und Hausbrand, bleibt länger in der Luft. Hier bindet er zum Teil giftige Stoffe wie die genannten PAK (meist dann, wenn auch Ruß entsteht), die teilweise krebserzeugend sind und wenn sie über längere Zeit und in höheren Konzentrationen eingeatmet werden zum Gesundheitsrisiko werden können. Auch beim Werken zuhause sollte man darauf achten, dass man keinen Staub einatmet. Hartholzstäube etwa (Buche, Eiche etc.) oder Quarzstaub sind hier besonders relevant.

Grundsätzlich führt zu viel eingeatmeter Staub zu Reizungen der Atemwege, bei Asthmatikern können Asthmaanfälle durch Einatmen des Staubes ausgelöst werden Über gesundheitliche Risiken von Staub, der beim Drucken, Kochen oder Toasten entsteht und den man nicht sehen kann, wird heftig diskutiert. Die Menge (Staubmasse) ist hierbei meist sehr gering, aber die Anzahl der nur winzigen Staubteilchen zum Teil sehr groß. Gesundheitsschäden und -risiken können derzeit aber nicht belegt werden. Hin und wieder anderslautende Aussagen in den Medien sind bislang wissenschaftlich nicht mit Fakten unterlegt. Dennoch sollte die Staubmenge und -aufnahme in Innenräumen begrenzt werden, um die vielfältigen beschriebenen gesundheitlichen Risiken zu minimieren. Bei einzelnen Geräten wie Druckern kann auch der Kauf emissionsarmer Geräte, die den Blauen Engel tragen, helfen, die Staubfreisetzung in den Innenraum zu verringern.

Was kann ich gegen Staub tun?

Das beste Mittel, um Stäube aus der Wohnung zu entfernen, ist das Lüften. Das mag zunächst widersprüchlich klingen, weil ja auch von außen Stäube in die Wohnung gelangen. Dennoch ist Lüften wichtig, weil dadurch im Allgemeinen viel mehr Staub aus der Wohnung gelangt als von außen hinein; zudem werden beim Lüften auch andere chemische Stoffe und Feuchtigkeit, die sonst zu Schimmel führen könnte, aus der Wohnung entfernt. Auch an einer Hauptverkehrsstraße sollten Sie daher regelmäßig lüften, vielleicht nicht gerade zu den Verkehrsspitzenzeiten. Regelmäßig, morgens und abends und wenn möglich kurzzeitig auch als Durchzugslüftung erhöht den Staubabtransport aus der Wohnung deutlich.

Zweites Mittel ist Reinigen – putzen hilft gegen Staub. Am besten funktioniert das mit einem feuchten Tuch, um den Staub zu binden. Regelmäßiges Staubsaugen sorgt dafür, dass sich der Staub nicht lange ablagert. Verwenden Sie nur solche Staubsauger mit zusätzlichem Zusatzfilter, da sonst ein Teil des aufgesaugten Staubes ungefiltert gleich wieder in die Raumluft gelangt.

Achten Sie außerdem darauf, dass ihre Kerzen nicht rußen (Dochtlänge nicht zu kurz, keine Zugluft beim Abbrennen, nur reine Bienenwachskerzen verwenden ohne Zusatzstoffe) und vermeiden Sie Räucherstäbchen. Und aufs Rauchen in der Wohnung als einer wesentlichen Quelle für Staubeintrag und Eintrag mit anderen Schadstoffen sollten Sie ganz verzichten.

Zu den organischen Stoffen gehören z. B. Hautschuppen, Haare von Tieren und Mensch. Weitere Stoffe sind Pollen, die mit der Kleidung in den Wohnraum getragen werden. Weitere Bestandteile können Brotkrümel, Mehlstaub usw. sein.

Der anorganische Anteil an Stoffen besteht aus Abgasen der Industrie, Kachelöfen, Gas- und Ölheizungen. Hinzu kommen Stäube vom Sägen, Schleifen, Bohren oder von Druckern/Kopieren. Als letztes gehört auch der Abrieb von (Haus-) Schuhen, Kleidung, elektrischen Geräten, usw. dazu. All das findet sich im Wohnraum wieder. Der Staub entsteht zum Teil im Wohnraum oder er kommt bei geöffneten Fenstern in den Wohnraum.

Der Teil des Staubes, der über die Fensterlüftung in den Wohnraum gelangt, lässt sich durch eine Lüftungsanlage mit Wärmerückgewinnung verhindern.

Im Lüftungsgerät sind Filter eingebaut, die das Eindringen von Staub und Insekten in den Wohnraum verhindern. In der Außenluft idealerweise zwei Filterstufen. Filterstufe eins für den groben Schmutz wie Insekten und die Filterstufe zwei für Pollen und Feinstaub.

In der Abluft sind ein bis zwei Filterstufen eingebaut und verhindern das Verschmutzen des Wärmetauschers.

Das Eindringen von Staub in den Wohnraum wird dadurch deutlich reduziert. Inwieweit die Staubmenge reduziert wird, entscheidet der Abscheidegrad des Filtermaterials. Je höherwertig die Filterqualität ist, (z. B. Pollenfilter = Allergiker geeignet) umso geringer ist die Staubmenge, die im Wohnraum ankommt.

Für Allergiker stellt eine Zentrallüftung eine besondere gesundheitliche Erleichterung dar. Da, wie erwähnt, im Gebäude 24 h lang frische Luft zirkuliert, ohne dass ein Fenster geöffnet werden muss.

Das bedeutet:

Es dringen, je nach Abscheidegrad des Filters kaum noch bzw. keine Pollen mehr in die Wohnräume ein. Ihnen steht deshalb in Ihren Wohnräumen frische, pollenfreie Luft zum Atmen zur Verfügung. Der Kontakt mit Pollen findet dann fast nur noch **außerhalb** Ihres eigenen Wohnraums statt. Weniger Kontakt mit Allergenen bedeutet letztlich eine Erholungspause für Ihren Körper. Man muss, denke ich, kein Arzt sein, um nachzuvollziehen, dass hier auch eine Reduzierung der allergischen Symptome einhergehen kann.

Mehr zum Thema Lüftungsanlagen, den verschiedenen Varianten, der Funktionsweise, Einbaumöglichkeiten, usw. können Sie in meinen Büchern „Lüftungsanlagen in Wohnräumen" (ISBN 978-3-658-31909-0) und „Lüftungsanlagen in öffentlichen Gebäuden" (ISBN 978-3-658-35751-1) nachlesen. Die Bücher bringen dem Leser das Thema Lüftungsanlagen mühelos, einfach und verständlich nahe.

Die organischen und anorganischen Stoffe bilden zusammen den Hausstaub. Zu finden ist der Hausstaub meist erst, wenn er sich zu sogenannten Staubmäusen auf dem Boden unter Schränken oder Betten zusammengefügt hat. Bevor sich der Staub am Boden oder auf Schränken ablegt, kann er optisch in der Luft entdeckt werden, wenn z. B. die Sonne durch das Fenster scheint und wir den sonst unsichtbaren Staub schwebend erkennen können.

Luftqualität im Wohnraum 4

Was hat der Zentralstaubsauger mit der Luftqualität in meinen Wohnraum zu tun? Sehr viel. Wie im Kapitel zwei beschrieben, wird die Saugluft vom Zentralstaubsauger über das Rohrsystem aus dem Wohnraum geblasen. Aber warum ist das angenehm für die Bewohner?

Beim Boden-, Akkustaubsauger oder Saugroboter, egal welches Modell, mit Staubbeutel, Hepa-, oder Wasserfilter wird die angesaugte Luft durch den Staubsauger wieder in den Raum geblasen. Trotz aller Filtermöglichkeiten ist eine 100 % Ausfilterung von kleinsten Staubpartikeln (Feinstaub) und Gerüchen nicht möglich. Diese finden sich nach dem Staubsaugvorgang wieder in der Raumluft. Des Weiteren wird die eingesaugte Luft auch zur Motorkühlung verwendet und kommt deshalb mit einem gewissen Geruch aus dem Boden-, Akkustaubsauger oder Saugroboter zurück in den Raum.

Der Zentralstaubsauger hingegen bläst die eingesaugte Luft nicht in den Wohnraum zurück. Der aufgesaugte Hausstaub mit allen Partikeln, saust durch das Rohrsystem im Haus bis zum Zentralgerät. Dort landet der Staub und die größeren Partikel im Staubbehälter. Was sich nach der Filterung im Zentralgerät noch in der Luft befindet, wie Mikropartikel, Hausstaubmilbe usw. wird mit der Saugluft über das Rohrsystem durch die Fortluftleitung nach außen geblasen. (Abb. 5.3 und 7.1).

Die Raumluft wird deshalb durch das Staubsaugen mit einem Zentralstaubsauger nicht belastet. Mit weniger Staub in der Luft lebt es sich gesünder.

Für Allergiker und alle die eine gute Raumluft schätzen, ist das der „unschätzbarer" Wert des Zentralstaubsaugers (Abb. 4.1).

© Der/die Autor(en), exklusiv lizenziert an Springer Fachmedien Wiesbaden GmbH, ein Teil von Springer Nature 2023
M. Dunst, *Zentralstaubsauger für Einfamilienhäuser und Wohnungen*, essentials, https://doi.org/10.1007/978-3-658-42785-6_4

Abb. 4.1   Zeichnung Staubfreies Saugen. (Quelle: Dunst 2023)

5.1   Wie funktioniert ein Zentralstaubsauger?

Mit dem Motor im Zentralstaubsauger wird ein Unterduck erzeugt. Durch den Unterdruck im Rohrsystem und Saugschlauch wird über die Saugdüse oder Saugbürste Luft angesaugt. Die angesaugte Luft nimmt dabei den Staub vom Boden mit auf. Über den Saugschlauch wird der Staub durch die Saugdose und das Rohrsystem zum Zentralgerät transportiert. Im Zentralgerät wird der grobe Staub ausgefiltert und landet im Staubbehälter. Die Saugluft wird über die Fortluftleitung vom Zentralstaubsauger aus dem Haus geblasen. (Abb. 5.1, 5.2, 5.3, 5.5, 7.1 und 7.2)

5.2   Wo wird das Rohrsystem eingebaut?

Das Rohrsystem kann in der Betondecke, Mauerwerk, Holzständerbauweise, Trockenbauwände oder unter dem Estrich verlegt werden. Das Rohrsystem muss innerhalb der warmen Gebäudehülle verlegt werden. Der Grund hierfür ist, dass die abgesaugte Raumluft auch Raumtemperatur hat. Ist das Rohrsystem in einen kalten Bereich verlegt, könnte Kondenswasser im Rohrsystem entstehen.

© Der/die Autor(en), exklusiv lizenziert an Springer Fachmedien Wiesbaden
GmbH, ein Teil von Springer Nature 2023
M. Dunst, *Zentralstaubsauger für Einfamilienhäuser und Wohnungen*, essentials,
https://doi.org/10.1007/978-3-658-42785-6_5

5.3   Welches Zubehör gib es?

Es gibt Bürsten für glatte Böden (Fliesen, Parkett, usw.), Teppichböden, Polster-bürsten und rotierenden Bürsten. Neben den Bürsten gibt es noch Vorabscheider für Asche und Wasser. Bürsten für glatte Böden haben längere Borsten, Teppich-bürsten haben kürzere Borsten, die meistens auch ein- und ausgefahren werden können. Damit können Teppich- und glatte Böden gereinigt werden. Polsterbürs-ten werden zum Absaugen der Polstermöbel benutzt. Durch die Rotation der Bürsten wird der Staub aktiv aus dem Teppich gelöst. Die Reinigungsleistung ist deshalb größer als bei den normalen Bürsten.

Weiter gibt es noch Sockeleinkehrdüsen (Abb 5.11) für den Einbau in die Wand oder in den Sockelbereich der Küche. Der dazugehörige ausziehbare Saug-schlauch, auch Teleskopschlauch genannt, ist kürzer als der Hauptsaugschlauch und für den schnellen Einsatz gedacht. Dieser kann leicht in einer Schublade verstaut werden. Das Schlauchaus-/einzugsystem ist eine weitere Möglichkeit für die Küche. (Abb. 5.9, 5.10)

5.4   Was kostet eine Zentralstaubsauger mit Einbau?

Das ist abhängig von der Hausgröße und dem Schnitt des Wohnraums. Bei einem Wohnhaus mit 3 Stockwerken, 75 m^2 je Stockwerk liegen die Kosten (Stand 2023) für einen Zentralstaubsauger bei ca. 3000,00 €. Der Einbau kann auch in zwei Abschnitten erfolgen. Während der Bauphase wird das Rohrsystem (ca. 900 €) eingebaut. Später kann dann das Zentralgerät und das Zubehör angeschafft werden. So können die Anschaffungskosten auf mehrere Jahre aufgeteilt werden.

5.5   Welche Lebensdauer hat, ein Zentralstaubsauger?

Der Zentralstaubsauger hat keine feste Lebensdauer. Das Rohrsystem hält ähnlich wie ein Abwasserrohr mehrere Jahrzehnte. Die Bürsten und der Saugschlauch nutzen sich ab, und müssen wie jeder Verschleißartikel bei Bedarf ausgetauscht werden. Im Zentralstaubsauger muss der Filter (ca. alle 3 Jahre) ausgetauscht und je nach Betriebsstunden (ca. nach 8 bis 12 Jahren) der Motor/Turbine erneuert werden. Das Zentralgerät selbst muss nicht ausgetauscht werden (Abb. 5.8).

5.6   Kann das Rohrsystem verstopfen?

Das hängt vom Einbau, dem verwendeten Rohrsystem und von den Saugdosen ab. Ideal ist es, wenn in den Saugdosen das Eindringen von größeren Gegenständen verhindert wird. Wird nur normaler Hausstaub eingesaugt ist eine Verstopfung nahezu ausgeschlossen. Sollte es dennoch zu einer Verstopfung kommen, kann diese in den allermeisten Fällen wieder, ohne die Wände öffnen zu müssen, behoben werden. Die Prüfung und Beseitigung erfolgt wie bei einer Rohr- oder Kanalreinigung über die Saugdose und dem Rohranschluss am Zentralstaubsauger.

5.7   Können sich Keime und Bakterien im System bilden?

Nein. Durch das Rohrsystem wird ausschließlich trockener Hausstaub gesaugt. Keime und Bakterien brauchen neben Staub/Schmutz auch Feuchtigkeit. Bei richtiger Verlegung und Nutzung gibt es keine Feuchtigkeit im Rohrsystem und deshalb auch keine Keime und Bakterien.

5.8   Wie erfolgt die Reinigung des Zentralstaubsaugers?

Im Zentralstaubsauger befindet sich ein Filter. Die Saugluft wird durch den Filter geführt. Der Schmutz bleibt am Filter hängen und fällt dann in den darunter liegenden Staubbehälter (Abb 5.6). Bei der Reinigung muss der Filter (Abb. 5.7) gereinigt und im Rhythmus von ca. 3 Jahren ausgetauscht werden. Der Staubbehälter wird einfach ausgeleert. Wer keinen Kontakt zum Schmutz/Staub haben möchte, kann bei den meisten Zentralstaubsaugern einen Staubbeutel einsetzen.

5.9   Wie oft muss der Zentralstaubsauger gereinigt werden?

Die Reinigung ist ca. alle 6 bis 12 Monate notwendig. Wie häufig der Zentralstaubsauger tatsächlich gereinigt werden muss, hängt von der Größe des Staubbehälters und der angefallenen Schmutzmenge ab. Die meisten Staubbehälter (Abb. 5.6) fassen 10 L oder mehr.

5.10   Wie wird der Zentralstaubsauger ein- und ausgeschaltet?

Zum Ein- und Ausschalten des Zentralstaubsaugers muss man nicht zum Zentralgerät gehen. Der Zentralstaubsauger wird über die Saugdosen, den Saugschlauch oder per Funk ein- und ausgeschaltet.

5.11   Welcher Staubsauger saugt stärker?

Die elektrische Leistung eines Staubsaugers sagt nichts über die Reinigungswirkung beim Saugen aus. Die entscheidende Komponente ist die Luftmenge, die durch die Bürste gezogen wird. Je nachdem wie und wieviel Luft durch die Bürsten gezogen wird, wird der Staub/Schmutz besser oder schlechter von der Bürste aufgenommen. Deshalb ist für ein gute Reinigungsleistung die Luftgeschwindigkeit in der Bürste und nicht die Leistung des Motors wichtig. Bleibt die Bürste beim Saugen am Boden „kleben" wird kaum noch Luft durchgezogen und der Staub bleibt liegen. Deshalb kann die Saugleistung auf die Bodenoberfläche angepasst werden. Nur so erreichen Sie eine optimale Saugleistung / Schmutzaufnahme. Beide erfüllen ihren Reinigungsauftrag gleich gut. Stärker gibt es nicht. (Abb. 5.4, 5.6, 5.7, 5.9 und 5.11)

Abb. 5.1 Bild Saugdose.
(Quelle: https://www.allawa
y.de, 2023)

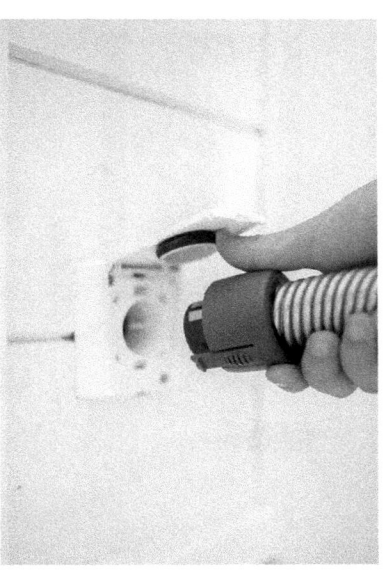

Abb. 5.2 Bild Saugschlauch. (Quelle: https://www.thomas-centraclean.de, 2023)

Abb. 5.3 Bild
Zentralstaubsauger mit
Rohranschluss. (Quelle:
https://www.allaway.de,
2023)

Abb. 5.4   Bild Saugen auf der Treppe. (Quelle: https://www.thomas-centraclean.de, 2023)

Abb. 5.5 Bild Saugdose
mit Saugschlauch. (Quelle:
https://www.allaway.de,
2023)

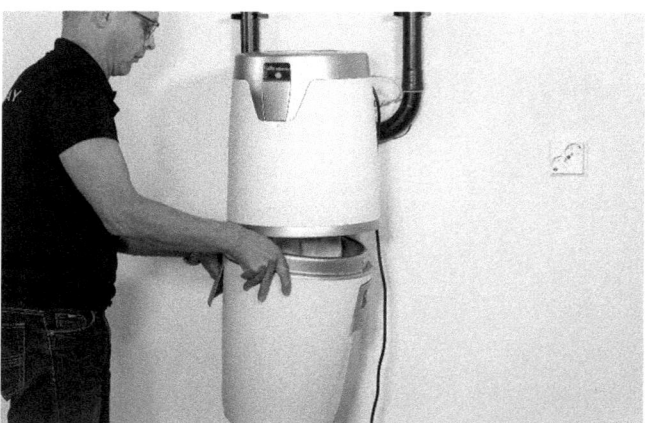

Abb. 5.6 Bild Zentralstaubsauger mit geöffnetem Staubbehälter. (Quelle: https://www.all
away.de, 2023)

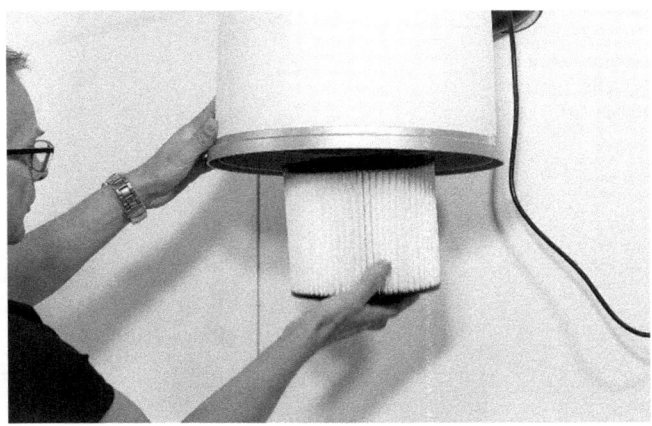

Abb. 5.7 Bild Zentralstaubsauger beim Einbau des Filters. (Quelle: https://www.allawa y.de, 2023)

Abb. 5.8 Bild
Zentralstaubsauger und
Reinigungsset im Schrank
integriert. (Quelle: https://
www.allaway.de, 2023)

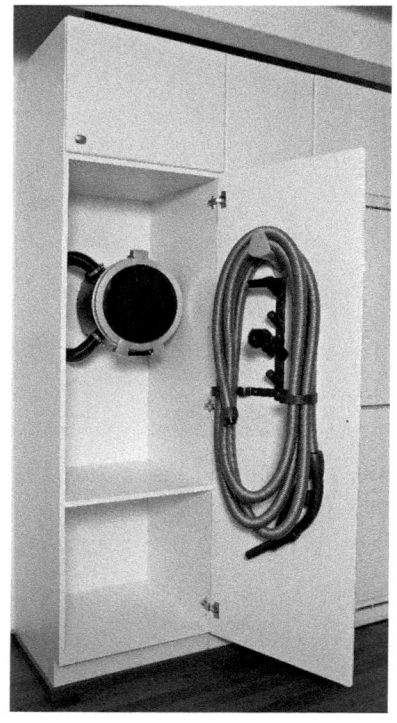

Abb. 5.9 Bild
Ausziehbarer Saugschlauch
für Küchenunterschrank.
(Quelle: https://www.tho
mas-centraclean.de, 2023)

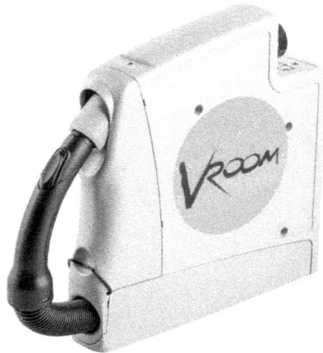

Abb. 5.10 Bild Ausziehbarer Saugschlauch beim saugen Küchenunterschrank. (Quelle: https://www.thomas-centraclean.de, 2023)

Abb. 5.11 Bild Sockeleinkehrdüse. (Quelle: https://www.thomas-centraclean.de, 2023)

Vergleich der Vor- und Nachteile der verschiedenen Staubsaugerarten

6.1   Akkustaubsauger mit und ohne Beutel

- Staubaufnahmekapazität ca. 0,3 bis 0,9 L
- Reinigen bzw. Entleeren des Staubbehälters/Beutels ca. monatlich
- Saugzeit ca. 30 min. Dann muss er wieder an die Ladestation
- Der Akku hat meist eine Ladezyklus von 300 bis 2000 Zyklen. Bei regelmäßiger Nutzung sind das ca. 3–5 Lebensjahre
- Geräusch im Wohnraum über 70 dB
- Die eingesaugte Luft wird wieder in den Wohnraum zurückgeführt

6.2   Saugroboter mit Station evtl. Feuchtreinigung

- Staubaufnahmekapazität ca. 0,5 L
- Reinigen bzw. Entleeren des Staubbehälters/Beutels ca. monatlich
- Saugzeit ist nicht so interessant, da das Saugen erfolgt, wenn man nicht zuhause ist
- Geräusch im Wohnraum über 70 dB
- Die eingesaugte Luft wird wieder in den Wohnraum zurückgeführt
- Befüllen und Reinigen des Wassertanks

© Der/die Autor(en), exklusiv lizenziert an Springer Fachmedien Wiesbaden GmbH, ein Teil von Springer Nature 2023
M. Dunst, *Zentralstaubsauger für Einfamilienhäuser und Wohnungen*, essentials, https://doi.org/10.1007/978-3-658-42785-6_6

6.3 Bodenstaubsauger mit und ohne Beutel oder Wasserfilter

- Staubaufnahmekapazität ca. ein bis vier Liter
- Reinigen bzw. Entleeren des Staubbehälters/Beutels ca. alle 3 bis 6 Monate
- Geräusch im Wohnraum über 70 dB
- Die eingesaugte Luft wird wieder in den Wohnraum zurückgeführt
- Befüllen und Reinigen des Wassertanks

6.4 Zentralstaubsauger mit und ohne Beutel

- Staubaufnahmekapazität ca. 10 L (Abb. 5.6)
- Reinigen bzw. Entleeren des Staubbehälters/Beutels ca. einmal jährlich
- Geräusche im Wohnraum – keine Motorgeräusche
- Die eingesaugte Luft wird **nicht** in den Wohnraum zurückgeführt

Jeder kennt das Staubsaugergeräusch, kann aber die Schallemission nicht vergleichen. Mit einem einfachen Beispiel kann man das Geräusch wir folgt einordnen. Ein Geräusch von 70 dB oder mehr, kann mit einem vorbeifahrenden PKW verglichen werden. Ein Geräusch von 80 dB, kann mit einem vorbeifahrenden LKW verglichen werden.

Planung und schematische Darstellung im Grundriss 7

Bei der Planung einer Staubsaugeranlage ist darauf zu achten, dass von jeder Saugdose alle umliegenden Räume erreicht werden. Dabei sollte berücksichtigt werden, dass der Saugschlauch im Raum möglicherweise um ein Bett, Schrank, Tisch, usw. herumreichen muss und trotzdem bis in die weitest entfernte Raumecke reicht. So bestimmen Sie den richtigen Montageort der Saugdosen. Falls Sie Zubehör wie den ausziehbaren Saugschlauch oder den Aschesauger für den Holzofen benutzen möchten, sollten Sie dafür eine zusätzliche Saugdose in dem entsprechenden Stockwerk vorsehen. Die Garage oder das Carport sollten ebenfalls eine Saugdose erhalten.

Die Rohrleitungen des Zentralstaubsaugers müssen alle innerhalb der warmen Gebäudehülle verlegt sein, damit sich kein Kondenswasser in den Rohrleitungen bilden kann.

Die Fortluftleitung, führt die Saugluft aus dem Gebäude. Dafür wird eine Rohrleitung durch die Außenwand benötigt. Die Rohrleitung sollte außen mit einem Gitter versehen sein, sodass keine Tiere in die Leitung eindringen können. (Abb.7.1 und 7.2)

© Der/die Autor(en), exklusiv lizenziert an Springer Fachmedien Wiesbaden GmbH, ein Teil von Springer Nature 2023
M. Dunst, *Zentralstaubsauger für Einfamilienhäuser und Wohnungen*, essentials, https://doi.org/10.1007/978-3-658-42785-6_7

Abb. 7.1 Bild Hausschema Zentralstaubsauger. (Quelle: http://www.thomas-centraclean.de, 2023)

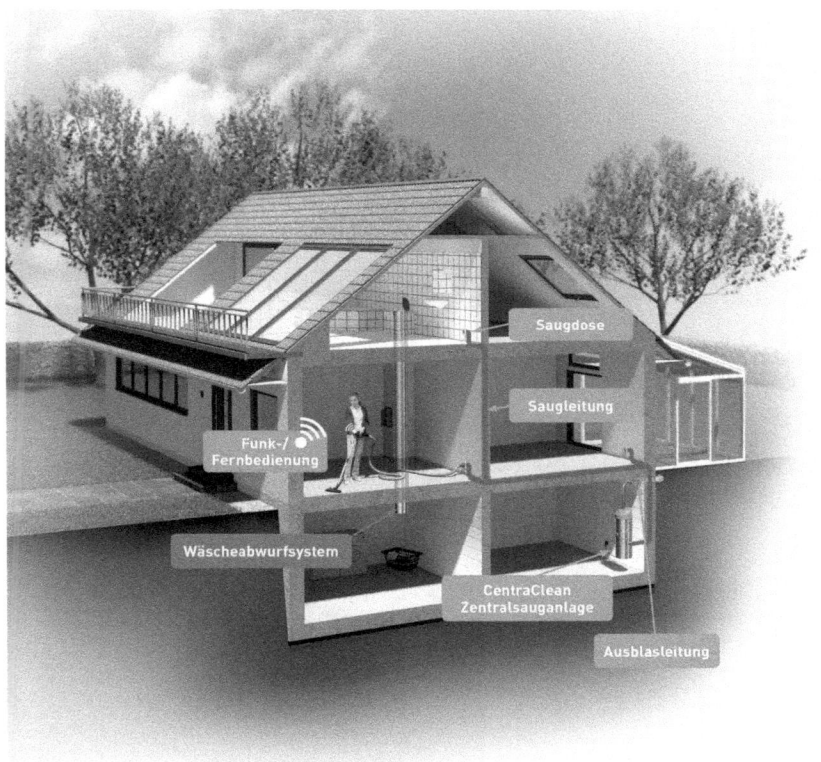

Abb. 7.2 Bild Haus mit eingebautem Zentralstaubsauger. (Quelle: http://www.thomas-cen traclean.de, 2023)

Fazit und Zusammenfassung

Der Zentralstaubsauger ist ohne Zweifel ein Komfortartikel, der die eigenen vier Wände qualitativ auf ein höheres Niveau hebt und das tägliche Leben erleichtert. Er kann nahezu in jedes Gebäude egal ob Neu- oder Umbau integriert werden. (Abb. 8.1)

Auch mit dem Zentralstaubsauger erledigt sich die lästige Hausarbeit des Staubsaugens selbstverständlich nicht von allein. Aber wer einen Zentralstaubsauger besitzt und sich daran gewöhnt hat, wird diesen Komfort freiwillig nicht wieder hergeben.

Der Zentralstaubsauger ist sehr praktisch, viel leiser als alle anderen Staubsauger, aber vor allem hygienisch das Beste, was man sich vorstellen kann. Warum also darauf verzichten?

Der Weg zum eigenen Zentralstaubsauger ist relativ einfach. Lassen Sie sich nicht davon abschrecken, dass viele das Produkt nicht kennen. Mit diesem Buch haben Sie alle wesentlichen Informationen über Zentralstaubsauger. Auf alle Fälle sollte dieser für Allergiker ein Muss sein. Für alle anderen ist ein Zentralstaubsauger ein angenehmer Komfort, den man – wenn man ihn mal genossen hat – nicht mehr missen möchte.

© Der/die Autor(en), exklusiv lizenziert an Springer Fachmedien Wiesbaden GmbH, ein Teil von Springer Nature 2023
M. Dunst, *Zentralstaubsauger für Einfamilienhäuser und Wohnungen*, essentials,
https://doi.org/10.1007/978-3-658-42785-6_8

Abb. 8.1 Zeichnung Tipp.
(Quelle: Dunst 2023)

Was Sie aus diesem *essential* mitnehmen können

- Der Zentralstaubsauger kann für jeden Haushalt ein Gewinn sein
- Der Einbau einfach und schnell zu erledigen ist
- Geringe Anschaffungskosten
- Es nach dem Staubsaugen im Wohnbereich nicht nach Staubsaugerluft riecht

M. Dunst, *Zentralstaubsauger für Einfamilienhäuser und Wohnungen*, essentials, https://doi.org/10.1007/978-3-658-42785-6

Literatur und Quellenverzeichnis

Dunst Sachverständigenbüro
Vallox GmbH www.allaway.de
Robert Thomas Metall- und Elektrowerke GmbH & Co. KG www.thomas-centraclean.de
Umweltbundesamt www.umweltbundesamt.de

GPSR Compliance
The European Union's (EU) General Product Safety Regulation (GPSR) is a set
of rules that requires consumer products to be safe and our obligations to
ensure this.

If you have any concerns about our products, you can contact us on

ProductSafety@springernature.com

In case Publisher is established outside the EU, the EU authorized
representative is:

Springer Nature Customer Service Center GmbH
Europaplatz 3
69115 Heidelberg, Germany

www.ingramcontent.com/pod-product-compliance
Ingram Content Group UK Ltd.
Pitfield, Milton Keynes, MK11 3LW, UK
UKHW020218231225
466357UK00012B/210

* 9 7 8 3 6 5 8 4 2 7 8 4 9 *